LOCUS

LOCUS

LOCUS

LOCUS

領導者。這個「者」是多數，各部門的主管都是領導者。

——施振榮

品牌管理

從OEM到OBM

施振榮 著

蔡志忠 繪

總序

《領導者的眼界》系列，共十二本書。
針對知識經濟所形成的全球化時代，十二個課題而寫。
其中累積了宏碁集團上兆台幣的營運流程，以及孫子兵法的智慧。
十二本書可以分開來單獨閱讀，也可以合起來成一體系。

施振榮

　　這個系列叫做《領導者的眼界》，共十二本
書，主要是談一個企業的領導者，或者有心要成為
企業領導者的人，在知識經濟所形成的全球化時
代，應該如何思維和行動的十二個主題。

　　這十二個主題，是公元二〇〇〇年我在母校交
通大學EMBA十二堂課的授課架構改編而成，它彙
集了我和宏碁集團二十四年來在全球市場的經營心
得和策略運用的精華，富藏無數成功經驗和失敗教
訓，書中每一句話所表達的思維和資訊，都是真槍
實彈，繳足了學費之後的心血結晶，可說是累積了

台幣上兆元的寶貴營運經驗，以及花費上百億元，
經歷多次失敗教訓的學習成果。

　　除了我在十二堂EMBA課程所整理的宏碁集團
的經驗之外，《領導者的眼界》十二本書裡，還有
另外一個珍貴的元素：孫子兵法。

　　我第一次讀孫子兵法在二十多年前，什麼機緣
已經不記得了；後來有機會又偶爾瀏覽。說起來，
我不算一個處處都以孫子兵法為師的人，但是回想
起來，我的行事和管理風格和孫子兵法還是有一些
相通之處。

　　其中最主要的，就是我做事情的時候，都是從
比較長期的思考點、比
較間接的思考點來出
發。一般人可能沒這個
耐心。他們碰到問題，
容易從立即、直接的反

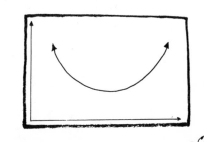

應來思考。立即、直接的反應，是人人都會的，長期、間接的反應，才是與眾不同之處，可以看出別人看不到的機會與問題。

　　和我共同創作《領導者的眼界》十二本書的人，是蔡志忠先生。蔡先生負責孫子兵法的詮釋。過去他所創作的漫畫版本孫子兵法，我個人就曾拜讀，受益良多。能和他共同創作《領導者的眼界》，覺得十分新鮮。

　　我認為知識和經驗是十分寶貴的。前人走過的錯誤，可以不必再犯；前人成功的案例，則可做為參考。年輕朋友如能耐心細讀，一方面可以掌握宏碁集團過去累積台幣上兆元的寶貴營運經驗，一方面可以體會流傳二千多年的孫子兵法的精華，如此做為個人生涯成長和事業發展的借鏡，相信必能受益無窮。

Think

目錄

前言

● 台灣企業的國際化過程，品牌管理是最大的挑戰。

我認為台灣企業在國際化的過程中，本身所面臨最大的挑戰，就是品牌管理。當然，如果本地的市場很大，像中國大陸的公司，也許在自己的市場裏面，打品牌就比較簡單；但是，當他們到國際市場競爭的話，也是會面臨挑戰的。所以，這裡談的不是在本土的運作，而是國際品牌的運作，它的挑戰是很大的。

如果從國際化的角度來看，也可以說，品牌應該是宏碁繳學費繳最多、挑戰也最大的一環；縱使如此，今後宏碁還會繼續再投資下去，可能投資還是最大的。當然，由於初步的一些經驗，未來ACER 品牌的國際化的努力，在地理上，可能會先

以鄰近的國家為主，把這些市場的佔有率，掌握得更好；其次是採多產品線的策略：就是說，ACER品牌不僅是運用在個人電腦，還要廣泛地運用在整個產品線。我們可以說，這方面大家可能會碰到的問題，我們大概都已經體驗過了。

代工製造與自有品牌製造（I）

● 代工製造（OEM）是比較容易做的生意
　—用較少的核心競爭力就可以贏
　—易於管理
　—易於建立規模
　—ODM 提供更多的附加價值給 OEM 顧客
　—毛利合理

　　　　如果拿 OEM（代工製造）和 ODM（委託設計代工）的業務來做比較，OEM 在台灣可以說駕輕就熟了。過去一直都是這樣在做，好像有點有點生下來就會了，台灣公司一成立，就已經具備這種 OEM 的能力了。

　　　　從事 OEM 的業務，企業要先找到一個適當的競爭力，也就是建立某一方面的能力。譬如說，只要成本做得比別人便宜，OEM 客戶自然就會將業務交給你做；如果加上有更好的設計，當然就更具競爭力了。所以，OEM 的業務，進入市場的障礙，相對是比較小的；因為，廠商可以用比較少的

OEM → ODM
廉價工程師
快速設計
配合度高
是我們從OEM
躍升為ODM的
核心競爭力

核心競爭力就可以做OEM 的業務。

　　而且因為不需要很大的核心競爭力，就可以做生意；所以，企業剛開始做 OEM 業務的時候，由於公司歷史短、規模小，資源的運用就可以比較專注：只要把OEM 客戶所需要的核心競爭力建立起來，就可以了。由於 OEM 的客戶規模都很大，只要你幫他建立起他所需要的核心競爭力，他就會把 OEM 的業務都交給你了，你的規模也就很快可以建立起來。

　　台灣早期的製造業是 OEM 掛帥，不過大概在二十年前，尤其在 IT（資訊產業）興起之後，因為台灣已經不是廉價勞工的地方，所以幾乎所有純 OEM 的業務都已經外移了。於是，我們新的競爭力變成是設計：我們以廉價的工程師、快速的設計、以比較願意配合 OEM 需求，不斷地做彈性改變的能力，建立起新的核心競爭力，這就是 ODM。大規模的 ODM 甚至涉及資金運籌的能力，規模可以和任何人平起平坐，台積電就是一個例子。

　　對原來的 OEM 客戶而言，加上了設計能力的

ODM 是比較有吸引力的；即使是這樣做，實際上 OEM 客戶的利潤，仍是不差的。原因是因為，不管如何，對 OEM 客戶而言，反正他自己做就是會更貴；所以，只要找到更便宜的代工廠商，他們還是會委外的。

我們認為，台灣的廠商有專注（Focus）的特性，就是只要能專心做自己專長的項目，經由速度的掌控及庫存的管理，能夠把成本不斷地降低的話，實際上一般 OEM 的利潤還是沒有太大的問題。

韓國和日本當然也有 OEM 的能力，但是日本不願意屈居人下，韓國企業雖然彈性比較大，但畢竟他們也是大企業很多，做 OEM 比較算是在做短期調整。只有台灣企業心甘情願地配合，沒有野心，而這正好符合全球分工整合的概念。就電腦來說，大陸今天做的，則是台灣十五年前做的模式，甚至可以說還沒有進入第一階段的 OEM，因為接訂單還是在我們這裡。我們在大陸，很像過去飛利浦在台灣的模式。

代工製造與自有品牌製造（II）

- OEM 並非穩定的生意
  ──贏得或失去一個客戶，對公司影響都很大
  ──很難讓生意多角化
  ──OEM 起家的公司要發展成 OBM 並不容易
  ──與顧客關係並不緊密
  ──無法累積品牌資產

　　當然，OEM 業務的問題，是在於長期發展的問題；也就是說，OEM 的代工廠商，長期要維持好的光景，是有其困難度。因為，早期 OEM 業務的競爭門檻不是很高，所以 OEM 客戶與代工廠商之間的關係，是很薄弱的。而通常 OEM 業務對客戶的依賴度是很高的，一般代工廠商可能只有三、兩個客戶，甚至一個客戶佔了百分之五十以上業務量的機會還很大；這種情形，在心理上，對經營者的壓力是蠻大的，萬一訂單不見了，企業就會有很大的損失。

　　現在因為代工廠商有多項核心競爭力，客戶要

轉單生產，並不是那麼容易；因為他要做一個決策，可能需要半年到一年以上的時間。但是，早期純靠廉價勞工的 OEM 業務呢，實質上競爭者是非常多的，因此為了掌握 OEM 的客戶，保持生意往來，常會出現一些奇奇怪怪的生意手段。

這種情形，在資訊產業就比較少一點。因為我們本來就在自己的領域做得很好，而 OEM 客戶會看上台灣廠商，就是因為我們很專心於本業，做得很有效。所以，只要你分心想、去做多角化經營、要做新的產品、把人力抽走，OEM 客戶自然就會不高興了；如果你想要做一點自己的品牌，客戶當然更不高興。

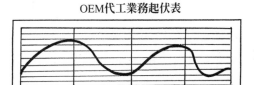

OEM代工業務起伏表

代工業務如波浪，起起伏伏全由不得自己…

實際上，早期在台灣最有名的例子就是巨大（Giant；生產捷安特品牌的自行車）跟早期的肯尼士（Kennex；生產肯尼士品牌的網球拍），他們都有這個現象。宏碁是剛好相反，我們是先做自己的品牌，生米已經把它煮成熟飯之後，OEM 客戶自然就拿我們沒辦法。但是，其他的企業，當他們先做 OEM 業務，再做自有品牌的時候，就會面臨轉型的壓力，而這種轉換，通常是困難度非常高。

一般來講，OEM 的業務比 OBM 簡單，所以由簡入繁，當然在管理上比較不容易調適。此外，因為一般 OEM 的業務，規模都是很大；當要做自己品牌，尤其在品牌形象還沒有建立之前，客戶是一個一個來試用，買的人也不多，所以規模就由大就變小了，也不容易建立足夠的經濟規模。

當然，只做 OEM 的業務，會比較專心：客戶下決定了，這個訂單就是你的，以後只要趕快去做交貨的準備就可以了。但是，當你在做 OBM 的業務，有自己的品牌，產品開發、生產的前置準備，和後面的售後服務，整個產品 Life Cycle 的時間多

了很多；所以，產品流程商品化的時間，就由短變長了。

另外一個就是客戶的數量由少變多了：OEM業務的客戶只有兩、三個，很容易管理；做 OBM業務的時候，客戶一下子變成幾十幾千、幾萬個，做起來可能會分身乏術、疲於奔命。

所以，實質上，從 OEM 業務變成 OBM 業務，挑戰是很大的：你如何有效地掌握客戶，是最大的關鍵。因為 OEM 的客戶就是那三、五個，而那個客戶看上你，是他的選擇。另外，OEM 客戶也是比較專業的，所以，他的選擇相對的也很多；他們不只是在台灣選擇，還可以到韓國、大陸去選擇。所以，只要你跟客戶的關係不夠緊密，或是雖然彼此關係很緊密，但是因為利益出入很大，利益的考量比彼此的關係更重要，影響更大的時候，他很容易地就可以改變一個很重要的決策。所以，在這個生意的過程裏面，OEM 的業務模式沒有辦法建立一個很重要的無形資產，相對的，品牌資產就比較容易累積。

台灣自有品牌企業的挑戰

- 本地市場太小
- 技術、產品較不創新
- 缺乏有經驗的人才
- 台灣製造（MIT）的形象差
- 無長期的承諾
- 缺乏成功的典範
- 資源有限、很難與大公司競爭

　　台灣的企業要做自己的品牌，先天上是有相當的挑戰性。主要是我們本地的市場太小，如果產品或者技術不具創新的話，是比較難在全球廣大的市場裏面，建立一些品牌形象；如果，只能靠價格去競爭的話，就很辛苦了。

　　第三個問題是，因為台灣企業本來就很少自創品牌，所以，一般到國外去打自己品牌的企業，會發現缺乏有國際經驗的人才。加上從台灣出去，本身「台灣製」（Made in Taiwan；MIT）在國際上，品牌形象是比較差一點，也是造成很大的困擾。

當然，今天 MIT 的形象比以前好很多，因為台灣高科技的發展，在國際上具備了比以前好很多的形象；但是，這個形象目前不是對消費者。如果以個人電腦相關的零組件來看，像主機板的形象，全世界所有做電腦的公司，不管從品質、設計、服務、彈性等方面，我相信絕對會認同 MIT代表最高、最好的形象。

但是，問題是 MIT 的形象是經過當地的公司，才到消費者的手上；所以，對消費者來講，他沒有辦法直接了解到 MIT 的形象。不過，因為我們面對的 OEM 客戶、系統整合商或者是雜牌商，中小型企業及大企業客戶是專家，也是面對少眾；從這個角度切入，終究是比較輕鬆、簡單，所用的資源也是比較有限的。如果是面對專家的話，產品就必須有更多的說服力；對一般大眾，則需有更大的廣告費用，及長期努力與投入的承諾。因此，大體上說來台灣的企業根本不具備直接跟全球消費者做溝通的條件。

實質上，台灣企業自創品牌成功的案例並不

多；到目前爲止，比較有名的，做的還可以的，品牌排名比較前面的，也只有巨大和宏碁而已；另外，有兩個比較知名而失敗的案例，一個是普騰、一個是肯尼士（Kennex）。本來我們自創品牌協會就是這四個公司，另外還有一個 Travel Fox（旅狐），五家公司創始的；十幾年前，我們每一家企業都在自己的領域，不同的產業中，很積極地推動自有品牌。到最後，也是很辛苦。旅狐、巨大和宏碁等三家自創品牌的公司，初期在美國打的還算成功，但最後也都在美國慘遭滑鐵盧。

美國眞是很難建立自有品牌的市場：不但風險太大、競爭太大、市場規模也太大，所以，嚴格說起來，整個台灣的產業，並沒有很成功

世界有三好：
1. 德國車
2. 瑞士錶
3. 台灣電腦

的案例，可以來建立了標竿典範。而且即使台灣一家企業自創品牌成功，也不會像德國的汽車那麼成功，因為所有的德國車，在台灣的形象都很好。這個是形象的問題：因為，單一成功的品牌，並沒有辦法帶動台灣整體的形象。

但是，相對於 OEM 就是完全不一樣的情形。在資訊產業的每一個產品項目中，例如筆記型電腦、主機板、電腦顯示器，台灣大概可以容下五家供應商；所以，今天只要有一家廠商的 OEM 業務很成功了，跟某一家 OEM 客戶建立關係了，他的競爭者來到台灣找供應商，應該不會找同一家，所以自然就帶動第二家、第三家的業務，好像在搭便車一樣。

自創品牌就不一樣，沒什麼便車好搭，單獨在打仗。OEM 還有一個現象，一家成功了，一下子客戶就希望還有第二、第三個來源的選擇；所以，台灣 OEM 的業務比較好做，跟這個也很有關係。理論上，在市場上，要建立領先的品牌，實在是不容易並存；但是，在 OEM 反而可以達到並存。主

要的理由是因為，主要品牌在市場上的競爭太厲害了，為了降低成本需要利用一些 OEM 廠商的配合，跟他並肩作戰。

在台灣的企業，由於資源非常有限，一般來講，很難在品牌上面，長期跟國際企業競爭。不過，美國的一般企業，不論多小，他們都會自創品牌，尤其在產業還很新的時候，自創品牌比較容易成功，像雅虎（Yahoo）就是在網際網路剛萌芽的時候，就有機會出線；也就是說在新的行業，比較容易建立品牌。

品牌是一種印象。在有形產品的世界裡，品牌固然重要，但是你沒有品牌，還是可以拿你有形的產品或服務來讓消費者比較；但是在網際網路無形產品的世界裡，一切則全靠品牌。沒有品牌的人，和有品牌的人難以競爭。因此，到最後，即使在網路世界裡，勝出機會比較大的，應該不是新公司，而是傳統公司，因為他們的品牌會發生作用。吸引年輕人免費上網聊天，湊熱鬧是一回事，要真正讓人掏腰包又是另一回事。

台灣自有品牌企業的策略

- 開發有創新價值的技術與產品
- 步步為營、長期規劃
- 由周邊市場開始，再進入核心市場
- 針對美國市場，只借重公關的形象
- 與當地夥伴分享成果
- 持續的行銷活動
- 價格戰為大忌諱
- 準備掌握中國市場

　　台灣企業如果想要自創品牌，首先一定要開發有創新，同時又要有創造價值的產品或技術。美國企業的情況就有些不同，美國企業實際上只要有創新的產品或技術，因為本地市場很大，產品的價值，比較容易去強調，而且可以賣得很貴。對美國的企業而言，他們的特長就是創造價值，所以在只有少數人認為有價值，大多數人還不認為有價值的時候，就可以開始自創品牌，而且能夠生存；但是等到產品成為大眾化的商品後，很多人都可以創造這種價值，很多人可以加入，同類產品很多之後，經營上就必須以降低成本取勝。這時他們反而活不下去，除非他能夠找到亞洲 OEM 的合作對象，因

為在美國國內怎樣都降低不了成本。但是，對台灣的企業而言，因為我們在品牌形象，以及掌握消費者的價值上面，是比較遠離市場；所以，除了創新以外，還要考慮到消費者價值。

其次，台灣自創品牌的企業一定要有長期經營的打算，一步一步，步步為營地長期規劃。打品牌形象，如果是採用「鄉村包圍城市」的策略，就可以考慮從兩個不同的層次切入：一種是地理觀念的「鄉村包圍城市」，從市場比較小的、競爭比較不激烈的、需要資源比較少的地區（鄉村），先打品牌形象。另外一種是產品線觀念的「鄉村包圍城市」，從比較有利基（Niche）特色的產品切入，像早期台灣的掃描器（Scanner），我們也有打出自己的品牌，譬如像Microtek（全

如何從科技中創造出有價值的商品？

友）、Umax（力捷）等等；但是，整體而言，從長期之計來打品牌形象的話，比較有效。宏碁因為在個人電腦有 ACER 這個品牌，長期反而方便的帶動了電腦顯示器、掃描器及 CD ROM 光碟機等週邊產品的品牌。

　　但是，反過來，如果企業的資源比較有限，是可以從利基產品打品牌形象。不過，打利基產品最大的問題是，除非你有夠多的鄉村，否則，可能佔領一百個鄉村，還比不上一個城市的勝仗所帶動的意義及形象；而且鄉村所帶動的信心，往往不是很夠，也不太能影響其他地區。也就是說，一個鄉村的成功，並不具代表性；像在台灣的品牌形象第一名，並不代表我到香港一定第一。但是，如果你是美國第一品牌的話，不論是到哪裏，那個招牌都是很有用。

　　當我們資源不夠，要開始學習經驗的時候，「鄉村包圍城市」的策略可能是很有用。所以，以目前台灣一般企業的規模，我並不是很贊成到美國去打品牌；可以去虛晃一招，像普騰，是以台灣市

場爲主的，他也到美國虛晃一招，就是到「消費性電子展」（CE Show）拿一個獎牌，又到美國的專業雜誌拿一個好的評估報告，這個花費有限，但是宣傳效果卻是不錯的。你不要眞的在美國做生意，因爲實際做生意就會有管銷費用高、風險大等等這些問題；所以，我想怎麼樣借重美國這個市場，爲自己的品牌形象做定位，應該是值得台灣企業去考慮的。

當然，在資源比較有限的時候，要在當地市場打品牌形象，如何找到一個當地的合作夥伴，一起來配合，是一個很重要的考量。問題是，對方爲什麼要跟你合作？第一個理由，可能是他賣你的東西有利可圖：就是你的產品創新、好賣、利潤比較高、價格具競爭力，讓他可以賺到錢；或者說他對你有信心，長期你可以源源不斷來支持他等等，總是要有一套方法，而且，有很多細節都要去溝通的，如此才能得到當地合作夥伴的支持與配合。

打品牌是長期累積的，尤其是品牌的印象。我常常用所謂「視覺暫留」的觀念來談品牌形象：就

是你看到一個東西以後，雖然眼睛閉了，那個東西還是暫時存在你的視覺記憶裡，還是有那個印象在；但是，如果眼睛閉了久的話，那個印象就不見了。所以，一個品牌必須能夠隨時或在適當的時間，都可以重複出現。

現在，最大的問題是，品牌是被視而不見的；因為品牌太多了，一眼看去那麼多的品牌，消費者往往是視而不見的，除非那個品牌是有突出的特色。這代表什麼？對消費者比較有衝擊的、創新的品牌形象，才會吸引消費者的目光；像 SONY 那隻電子狗、早期的 Walkman（隨身聽）、ACER 的 Aspire（渴望電腦）等等；是因為有這些東西，那些品牌才能夠從眾多的品牌中突顯，被看到了。也就是說，產品或技術的創新價值（InnoValue），是非常非常重要的。

當然你也可能沒有那麼多具有創新價值的產品或技術，可以來突顯品牌形象。所以，你可以從各種不同的角度來思考：從行銷活動、產品、服務等各種角度，不斷地對消費者強調品牌形象。當然，

也可以透過廣告；不過，廣告中如果言之無物的話，效益也是非常有限的；因為，如果你的廣告活動雖然多，對方若是視而不見的話，也是沒有太大的用處。

打品牌形象最大的忌諱，就是價格戰爭。我好像沒有看過，真正用價格戰而長期獲得成功的案例；用價格戰爭，往往短期好像看起來成功，但是長期成功的案例，幾乎並不存在，不管哪一個產業都是一樣。除非它是重新界定一個新的消費者區隔，或者消費者需求：就是把原本很大的需求重新界定，變成新的需求；而這個需求呢，因為你透過降低成本的手段，把客戶不必要的東西及經常性開支，都剔除掉，然後產生價格便宜的東西。實質上，這時候並不是在談同樣價值的東西，而是產生一個可以滿足客戶新的需求的商品，當然低價策略就有機會成功。總之，勢必要開打價格戰前，有兩件事要先想清楚：一，如何保護形象；二，如何確保利潤。

當我們在談真正的商業活動裏面，所謂「品牌

資產」（Brand Equity），是一個無形的價值。它常常最關鍵的地方，就是在消費者決定的那一刹那，它給你很多無形的價值；因為品牌的信心、服務的信心、決策的快速等等，使得你的成本也相對的降低了。因此，我也常常有一個論調：品牌並不是做為向消費者收取附加價值的理由，品牌的目標應該是一個合理的價值；甚至，我希望能夠透過品牌，來降低成本。理由就是，如果無形的東西擴大的話，它的單位成本是會大幅地降低；所以，品牌有降低成本的一個效益。

但是，反過來，有形的東西透過量產當然可以適度地降低成本；只是這種降低成本的風險是非常大的，因為不小心，就會產生供過於求的問題。主要是我們從來沒有看過，生產跟需求是完全一致的；經濟循環自然就是供需不平衡，這是一個常態。因此，當你對於需求無法控制的時候，有形資產的量產，本身自然就代表很大的風險。當然，無形資產的量產也會有風險：這個風險是在投資者身上，它是來自於對股票的價值會有影響。

有很多理論都說，要好好投資廣告，把品牌建立起來，產品才可以賣高價；我覺得這種概念是個陷阱，會提高未來的花費。因為品牌形象在還沒有那個價值之前，就收這麼高的費用，消費者會愈來愈少。我很忌諱有

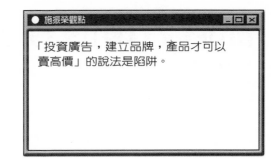

品牌就可以貴賣的說法，也有過慘痛的教訓：2000年三月，宏碁在大陸打了一場大勝仗，桌上型電腦在一個月內賣出的量，是過去的五、六倍之多。過去，宏碁打不開大陸市場，因為宏碁自認是世界品牌，要跟 IBM、康柏、HP比，價格當然就比大陸本地聯想電腦公司的產品貴；由於我們把自己定位這麼高，就沒有降低成本的空間。後來我們改用「國際品牌，本土價格」的策略，打宏碁的品牌、賣聯想的價格，發現毛利不但沒有降低，反而提高。這是經營的心態，如果認為有品牌就是要賣得貴，就輸定了，無法永續經營。

品牌名稱的考量

- 簡單、獨特的名稱與標誌
- 商標註冊
- 重新命名、設計新識別系統
  ── 相較於過去，是不同的公司
  ── 相較於過去，是不同的生意
  ── 迎接未來
  ── 創新形象
- 中英文名稱不一定要相關
- 單一品牌、多品牌、副品牌

其實，要建立品牌印象，最好是很簡單又好記的。現在，最新的品牌概念，實際上並沒有符號，也沒有商標，都是把名字商標化，也就是把名字跟商標結合在一起。假如宏碁的鑽石商標是獨立存在的話，要讓消費者把宏碁的鑽石商標和 ACER 結合在一起，所花費的精神、時間會是很長很長的。所以，早期的概念是將一個商標單獨擺在那邊，這種觀念是落伍的。

實際上，如果你看國際上比較知名的品牌，如 IBM 沒有商標、Dell 也沒有商標；但是，在名字裏面，英文字用不同的寫法。他的差異性反而是在整

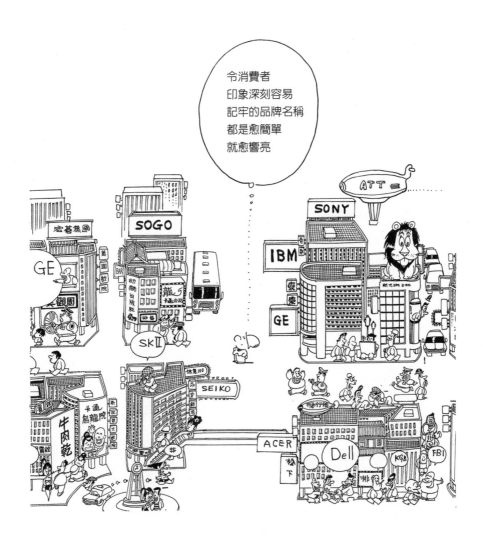

個名字；既然差異性在名字，當然就儘量用簡單的英文名字。

　　所以，為什麼大家覺得 SONY ，相對地比日本其他公司，更具國際品牌形象？就是因為 SONY 簡單易記。以前 Matsushita（松下）、Mitsubishi（三菱）這兩個名字，對我來講是很容易混淆的；我現在是懂了，但是對很多第一次接觸的人來講，這兩個名字都差不多，所以要怎麼分辨其中的差異？英文字母太多的，名字實在是沒有辦法長期建立品牌形象的。

　　再如，韓國的 Samsung（三星）當然還好，Lucky Goldstar（金星）就很累了，英文字母很長，後來它就變成 LG。雖然名字變短了，但是 LG 就是不像 IBM。IBM 這三個字等於金字招牌，因為它是屬於唯我獨尊了相當相當久的的品牌，而且已經是電腦的代表，連在中國大陸，消費者都懂這三個英文字。其他少數的英文品牌，比如說 GE，當然好記，不過 General Electrics（奇異電器），對一個非英語國家的外國人來講，就吃不消了。所以，改

成GE 本身就是要慢慢地形成當地可以接受的方式，不過一般來講可能都變成譯音，像我們在這邊就把 GE 翻成「奇異」；但是，代表著國際商業機器的IBM 這三個字，中文實在是翻不出來，所以用IBM三個字是一個很大的學問。

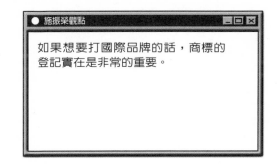

　　基本上，從宏碁的經驗來講，我們是把中、英文分開來思考：中文就是中文，沒有用翻譯的思考模式。

　　其次，名字跟商標都絕對需要去登記。我們早期叫 Multitech，後來在 1987 年改成 ACER，並在一百多個國家登記下來；其中只有少數幾個國家，像在韓國是跟 Lucky Goldstar 的 ACE 雷同，後來經過協調，就登記下來了。所以，幾乎全世界都登記下來，除了在英國有一家建築師事務所也叫 ACER，但是因為那是不同的行業，我們當然因為不同的產業，還是登記下來了。不過，像在台灣，即使是不同的行業，別人要登記就很難了；因為，

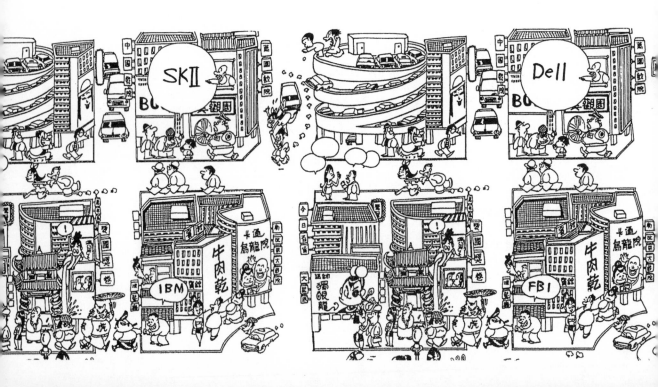

這是我們的地盤，我登記的種類很多，他就沒有辦法登記，而且也晚了一步；我們幾乎差不多都是同一個時間，用ACER這個名字。所以，如果想要打國際品牌的話，商標的登記實在是非常的重要。

我這裏要特別強調，一個品牌名字或者商標，就是一個「公司識別」（Corporate Identity；CI），是可以不斷地再改的，我很少看到沒有修改公司名字或者改商標的公司。理由很簡單，因為公司剛成立的時候，沒有想到他會這麼偉大，反正有一個名字就開始做生意了；做做做做到突然可以做大事了，既然要做大事，名字當然就像中國人的名、號一樣，到時候再來命名嘛。當然，有很多人說行不改姓，日本公司很多，到現在沒有辦法改的，都是傳統的觀念所致，我覺得已經不合時宜了。主要是公司所面臨的大環境已經是不同了，整個生意可能都不同了，也要去迎接更大的未來了；更何況，有時候企業的經營可能還起起伏伏，原來的形象，再繼續打下去，已經不是那麼有利了。

有時候，企業為了要塑造一個新的形象，可以

改一個商標或者改一個名字。實質上，最近宏碁就是從一個 PC 公司，要重新塑造一個有利於未來發展的新形象：為什麼我們會在 2000 年四月舉辦 e-Life Show（電子化生活展），就是要把 ACER 變成網際網路、全面性 e

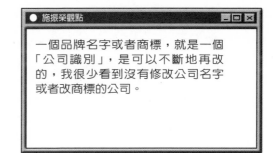

化的公司，所以我們就從「網路生活的推手」切入。

我們大概很難了解，像 Seiko（精工）的營業額，錶大概只佔百分之五；Canon（佳能）最有名的是照相機，照相機業務大概也只佔百分之十左右。如果 Seiko 被定位是一個鐘錶的公司，Canon 被定位是一個照相機的公司，而不去塑造改變的話，對於未來業務的發展，都會非常不利的。

同樣的情形，如果你被定位成只是一個 PC 的公司，那麼就要想想現在的PC 的公司代表什麼？除了 Dell（美商戴爾電腦）是靠直銷，做的很成功以外；PC 公司已經變成是沒有創新的公司，是 Me too 的公司 和大家一樣，沒有特色。連 IBM 做 PC 都 Me too，HP 做 PC 也是 Me too，PC 已經是代表這樣的意義，對不對？所以，整個公司的品牌形象，要不斷地再去考量，其中的學問實在是很多的。

當然，品牌形象也有兩種不同的考量：像 SONY、IBM 是屬於「單一品牌」（Single Brand Name），雖然有那麼多的產品，還是全心全意打一個品牌形象；另一種像寶鹼則是屬於「多品牌」（Multiple Brand Name）。尤其是流行的產品，起來很快，下去也很快，所以塑造的品牌形象，範圍可能太窄了；當這個品牌還要再應用到另外一個產品，或另外一個新的產品系列的話，常常是非常不利。很可能市場的區隔也不一樣，定價也不一樣；在這種情形之下，可能就需要有「多品牌」的策略。例如 SKII（化妝品）是誰做的，有多少人知道？無所謂對不對，它就是一個「多品牌」的應用。

但是，汽車就不一樣了。汽車業有所謂的「副品牌」（Sub-Brand Name）策略，像以前 TOYOTA汽車有 Corolla、Cotina等等都是；也就是，在一個品牌下面，有一個屬於系列產品的品牌，這個我們把它稱爲「副品牌」。所以，整個品牌管理，不論是「單一品牌」、「多品牌」或是「副品牌」等等，學問很多。如果一不小心混淆的話，可能連我們自己都不知的情況下，已經在消費者市場，或對企業未來的營運，產生重大的影響。

宏碁的全員品牌管理（I）

宏碁集團
的
品牌基礎

使命
打破科技與人的籓籬

品牌承諾
可靠的、容易的、夥伴的

品牌個性
動態的、友善的、值得信賴的、創意的開放的

品牌價值
容易使用、可信賴、創新、關懷、好的價值

　　大概在 1998 年的時候，宏碁引進「全員品牌管理」（Total Brand Management）的制度。我們大家湊在一起，再重新思考：這個公司為什麼存在？他的目標是什麼？等等，針對這些我們重新再整理。因為，如果只有少數人有一些概念，但是沒有把它寫下來，

就沒有辦法有效地、一致地、廣泛而且全球性的傳遞這些概念和形象。如果這些概念和形象沒有把它定位清楚，甚至於你的行為、你的作為，跟你所需要塑造的形象，剛好是衝突了，就會造成你的努力是無效的。所以，我們已體認到，公司雖然已經成立了二十多年，不過往後看幾十年、幾百年呢，我們還是得從頭來。

我們仔細地分析整個集團的品牌基礎到底是什麼？宏碁公司的使命是什麼？我們認為是「打破人與科技間的藩籬」（Breaking the Barriers between People and Technology），也就是讓每一個人，都可以享受新鮮的科技；換言之，宏碁就是要盡量消除科技和人之間的障礙。科技當然要發展，需要發展的科技有很多；但是，發展科技並不是我們的使命，我們只好從客戶的需求來思考，不管開創新的產品或者服務，都是在於把科技跟人的障礙，不斷地消除。

從另一個角度來看，對一個消費者而言，到底品牌是承諾了些什麼？我們從消費者的角度來思考，把消費者分成了三類，然後把很多對品牌有價值的東

打破科技的藩籬
讓每個人都能享受
新鮮的科技

西，簡化到只剩下一個，簡化到最簡單；因為，要讓員工都知道，消費者在這個市場裏面最關切的是什麼？

　　第一類客戶是 OEM，就是產業的客戶，他們要的是一個合作夥伴；他可以跟你一起合作，你所依賴的就是合夥的關係。第二類客戶是商業客戶，對於商業的客戶，他們要的是產品品質的可靠度；因為他們每天都在利用這些電腦做生意，所以要有可以依靠的品質。第三類客戶是消費大眾，對消費大眾，他要的就是方便的、簡單的，也就是說，電腦一買來，就很

ACER是：
1. 友善的
2. 值得信賴的
3. 非常有創意的
4. 開放式的

ACER是：
1. 容易使用的
2. 可信賴的
3. 創新的
4. 關懷的
5. 好的價值

容易使用了。

　我們希望 ACER 未來有上列這樣的承諾，和這樣一個很簡單的品牌形象。再從我們的品牌個性來講，宏碁的個性是非常動態的，所以這個是本質，我們就把它確認出來；同時我們也是友善的、值得信賴的、非常有創意的、開放式的。我們把公司的特質，列出一、二十個，從中挑出最具代表性的這五個，來代表宏碁的品牌個性。

　另外思考的一點就是說，到底到最後，一個消費者會認為 ACER 這個品牌價值在哪裏？我們認為是：容易使用的、可信賴的、創新的、關懷的、及好的價值。如果從一個供應商的角度來看，本來就可以說，每一個公司都有他的特質，每一個產品、每一個時間點都有它重視的地方，我們隨著這些特質和重點，可能都要做必要調整，然後集中全部的力量，朝這些方面來做。

宏碁的全員品牌管理（II）

● 全員品牌管理：新的做法
（全員品牌管理用於品牌，就好比全員品質管理用於品質）
──品牌是一種模糊、複雜的概念
──品牌的建立是企業的核心功能
──品牌需要有計畫、有系統、謹慎處理
──必須評估及量化品牌產生的效果
──全員品牌管理是注重對市場帶來的結果，不是過程

整個「全員品牌管理」（Total Brand Management；TBM）對我們來講，是一個新的做法；就像早期在做 QCC（品管圈），做改善，後來就發展為「全員品質管理」（Total Quality Management；TQM）。「全員品牌管理」是一個很新的概念，我們也是這幾年才形成這一個概念。

由於品牌形象，實在是非常複雜的一個概念，一定要不斷地建立「企業的核心功能」（Core Business Function），才容易具象化。因為，品牌的形成，早期可以說是我自己在做，腦筋裏面想到多

少，就做多少，算多少。但是，這種作法不能做大規模的組織戰。

所以，如果真正有計劃的要把一個品牌有系統、謹慎地處理，我們就要設定五年、十年，要在市場上建立品牌形象的目標；計劃、系統化等等，都需要去努力。真正來講，宏碁做這個系統，都是到各個國家去做衡量及調查的：不管是用市場調查或者用「焦點團體」（Focus Group），我們都做了；然後，針對每一個市場，做必要的強調與調整。

ACER品牌在
台灣第一
東南亞第二
歐洲第三

我們做出來的調查結果，宏碁品牌在台灣當然排第一，東南亞第二，歐洲第三，到了美國，根本就是很少人聽過 ACER 這個品牌。做「全員品牌管理」是在追求整個市場的結果，所以我們是以未來的結果，以及他可能產生的形象，來整體考量整個「品牌管理系統」

(Brand Management

System)。

但在美國ACER
的知名度又如何呢？

抱歉！沒聽過⋯⋯

宏碁的全員品牌管理（III）

AceR 是什麼？

關懷、傾聽、行動的態度／文化

集中及明確的訴求

ACeR ◆

貼近消費者

對使用方便、容易的、可靠的、負擔得起的產品

"無疆界的" 動人的及一致的形象

　　宏碁對品牌的經營經過多年來努力，到最後要問的是：「到底 ACER 是什麼？」不同時間，有不同的問題。像我們現在問的就是，在後PC時代，到底 ACER 是什麼？要問清自己在消費者、員工、社會心目中的形象是什麼。我們認為 ACER 就是代表使用方便、容易的、可靠的、負擔得起的產品，就是要做到人人都得以享受新鮮的科技。

　　但是，要達到這個樣子，是不是都能配合？是不是能夠很了解？公司內部的人、企業文化、員工

的心態。為什麼我們的口號叫「We hear you」（我們傾聽您的聲音）？就是說客戶要什麼，We hear you，真正的傾聽顧客的聲音、了解顧客的需求，然後從這一方面，再作為整個內部運作的方向；同時，也做為我們達到「全員品牌管理」，集中及明確訴求的目標。

接下來就要考慮它怎麼形成？甚至於，我們現在因為講求的是一個比較全球性的運作，所以，我們在尋求的這些要件，都是強調它是比較無疆界的，比較具全球一致性的形象。我想，各個市場都有需求，所以，不管我們集中在那個地方，都是希望所有的訴求點，都能夠是具有普遍性及全球性的需求。

全球化模式

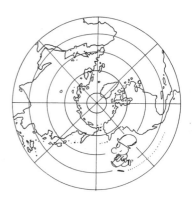

我們傾聽你的聲音。

資源分配

- 有最起碼的資源去持續經營
- 發展出可依循的典範
- 資源永遠不夠,所以一定要有焦點
- 集中特定市場、產品、顧客群
- 分階段建立管理基礎架構

在建立品牌的時候,就得考慮資源分配的問題:首先就是要承諾有最起碼的資源,去持續經營品牌形象。我記得有一個「跳懸崖」的例子,打品牌有一點像跳懸崖;跳不過去就掉下深淵,無效。當然,企業的規模越大,想要的目標就越大,那個懸崖也就更大。也就是說,在建立品牌的時候,一定會有一個最低限度的障礙,就是有一個懸崖在那邊,所以,你一定要有最起碼的資源才能跳過去。你所確認的市場區隔、地區、產品,每一個在定義完以後,都自動會有一個懸崖在那邊;如果你不承諾這個最低的資源,很可能你是白費工夫了。而且,「視覺暫留」的效應,也要考慮;也就是說,

如果品牌的曝光沒有適當的密度，可能也是無效的。

實際上，最重要就是，我們如何能夠選擇一些懸崖，我們能力比較夠的，先建立跳過去的信心及跳過去的模式，然後慢慢再擴張；也就是說，真的在打品牌的時候，可以把里程碑（Milestone）分割的很細，就是一個一個來完成。實質上，我們在做生意的模式不是這樣的；台灣人做生意，只要有訂單，就想一次把它全部完成。美國人做生意為什麼是不一樣呢？他們是要打品牌，所以會先定出焦點，然後集中火力完成該階段的目標。

我記得 1987 年，我跑到美國要找 Zilog 公司，希望代理他們的產品；當時，Zilog 也是一家很小很小，跟 Intel 在競爭的公司。我們去拜訪的時候，他說：「對不起，我沒有空，我忙美國的市場」；日本他也沒有興趣。當時，我們就跟他說：你就把我們當成美國的客戶，交貨在美國，支援也在美國，我把你的產品帶到台灣，剩下的事情都是我負責。他們的概念，很自然就是這樣專注於眼前的目

標；很奇怪，我們很少這樣想。

可能是因為我們的生意從小就是做 OEM，沒有支援、行銷的問題；所以，一下子好像東西就賣到全世界各處。實質上，並不是真的那個樣子。所以，在打品牌的時候，大家都會覺得資源不夠，所

以一定要有焦點，在某一段時間內，集中力量於特定的市場、產品及某一種區隔的顧客群。

我在自我檢討中，真正重要的是，產品都是一樣，為什麼在不同的國家，會有不一樣的結果？為什麼ACER在義大利是第一？為什麼在美國是虧

損？很明顯的，這些都是當地的「管理基礎架構」（Management Infrastructure）出了問題。有時候關鍵不是在產品，反而是在管理。所以，如何能夠一步一步而且很專精地，把管理的基礎條件建立起來，再配合管理技能的提昇，是很重要的工作。尤其從管理的角度來看，要生產團隊從一百個人變成一千個人，是很簡單；但是銷售團隊要從一百個人變成一千個人，就是非常非常困難的一件事情。

　　生產團隊比較好管理的原因，是因為：一，作業的定義清楚；二，有標準程序可以依循。而銷售所面對的客戶，每天都在變；即使是面對同一人，也會隨時間的不同而變化。所以，銷售團隊的成長，是非常需要時間的。

生產團隊從一百個人變成一千個人，是很簡單；但是銷售團隊要從一百個人變成一千個人，就是非常非常困難的一件事情。

通路的考量

- 透過單一或多家經銷商
- 以經銷商角色面對零售商
- 釐清支援、服務的責任歸屬
- 通路忠誠 vs.通路彈性
- 通路流程問題
- 給通路的信用額度
- 通路的合作條件及方法
- 與通路商聯合促銷

談到通路，雖然今天的網際網路經營模式強調不要傳統通路，直接就面對消費者，事實上，恐怕也沒有那麼單純。實際上，在網際網路裏面，也有所謂的「e-通路」：你的東西到底自己做通路好？還是跟人家配合透過一個新的通路？這個通路就是虛擬通路（Virtual Channel），就是 e-通路。其實，不但傳統產業還是有很多人做通路，何況有很多東西，說不定還是得要有實體的通路，才真正能夠解決顧客所關切的問題。

當我們有一個產品在國際市場的時候，就會考慮是否用傳統的通路：從經銷商到零售商再到最終消費者手上。當然，我們看產品的不同、時間的不

同，可以再簡化。但是，我們到底經過什麼樣的通路？是獨家代理（Exclusive）？還是多管道通路（Multiple）？如果產品很強勢，當然可以採用多管道通路；產品弱勢的話，只好找獨家代理。像早期宏碁進入國際市場的時候，沒有給獨家代理，就沒有人要替你推銷。我們本來在台灣是 AMD 最大的代理商，但是，Intel 來到台灣，不但不給我們獨家代理，還要我們放棄代理 AMD（超微）的產品，希望幹掉競爭者。由於 AMD 的產品市場競爭力也不行，我們為了做英特爾的生意，只得丟掉 AMD 的業務。所以，完全看你的地位強勢與否而定。

雖然，在宏碁國際化的初期，我們只能用獨家代理的通路；但是，隨著我們的逐漸成為強勢，宏碁就是一路從獨家代理變成多管道通路。另外，我們到歐洲去，不得不直接進入通路，自己當經銷商；很明顯地，自己當經銷商，你的行銷、庫存、支援等都是自己做的話，就直接面對很多的零售商，自然就變成一個多管道通路。

這裡面最大的一個問題就是：在這個過程裏

面，不管你是透過指定經銷商（Assigned Distributor）或者指定零售商（Assigned Dealer），到底對於消費者的售後服務、技術支援、還有庫存的責任，應該是由誰負責？像宏碁在美國是透過大型的零售商，那個通路其實有點像寄貨，假結帳；表面上好像我們送貨給他們，他們欠我多少錢，不過賣不掉的話，又退給我了。所以，等於沒有跟我買，這就是假結帳，結帳是假的；所以，這裏面就有很多的問題。

接下來就要問，通路到底跟你的關係如何？他有沒有忠誠度？通路的彈性如何？你能不能透過各種不同的通路來考量？此外，如果以我們賣個人電腦來看，最大問題當然是通路流程的問題；這個通路流程到底是誰的？實質上，這就牽涉到「推」（Push）跟「拉」（Pull）的觀念。台灣傳統的做法都是「推」，我把產品丟給經銷商，經銷商再丟給零售商。因為利潤就是這麼一點點，每一個環節都只賺這麼多，你要我負更多責任，對不起，無能為力；所以，只好採用賣多少賺多少的方式，反正底

價我都給你了。美國的做法是「拉」：市場訂價是我的，我把利潤管好，我留給你多少、留給他多少，賣不掉我負責，降價我負責。這是兩種截然不同的運作模式，實質上，針對產品跟掌握度等因素，都會有不同的考慮。

大陸的確什麼都大……
大陸地大、市場大、
未來的發展可能性也大。

創意
就是逆向思考
換另一個角度看事物……

今天真正最大問題在 PC，因為個人電腦產品是 Me too 產品，大家都有，所以，大家都要搶那個通路；因為市場的量很大，大的通路都是兵家必爭之地。結果，演變成所有的 PC 幾乎都壓在零售商，當然個人電腦廠商就得承擔最後的結果。到目前為止，除了上網的機器（e-Machine）號稱還可以（不過我是長期存疑）外，零售商通路應該全部都垮了：IBM、HP、Compaq實際上都退出這個通路了，但是，又不能完全放棄這個通路。因為，做為一個品牌資產或者打市場知名度的仗，都需要一個氣勢；如果在零售點沒有兵，實在是很大的一個漏洞；就像 ACER 從零售點一退下來，大家就認為氣勢就沒有了。但是，為了維持那個氣勢，不知道要丟多少錢？所以，我暫時不要面子就是這個原因。IBM 後來也退了，但是有很多廠商就是不得不維持零售通路；例如，HP 不能退，因為他還有其他的產品，像噴墨印表機、掃描器等週邊產品，都是在零售通路，所以，他不能退。

通路商信用額度的問題，也是一個大麻煩；早

期台灣有幾家電腦公司，大概就是因為在歐洲、美國被通路商倒帳而垮掉。通路商在什麼時候會倒？就是在市場產生巨大變化的時候。就像 1991 年，Compaq 的產品降價 30% 以上，大家一下子都楞住了；他等於是以名牌的產品，沒賣品牌的價格。所以，在 1991 到 1993 年，歐洲所有的經銷商幾乎全垮，不是轉型就是倒閉。

我們在大陸和通路的合作經驗，這一次等於是第三代了：從第一次經過香港的獨家代理到第二次的十幾家代理，有的在內地的，有的在香港交貨，到現在整個在內部運作，經過三百家零售商，由我們直接面對。起初，我們方法很硬，我們要 LC（信用狀）、要現金，但是，到最後那一些條件都守不住。當市場在成長的時候，經銷商的資源都不夠，沒錢，就跟你商量：能不能放一點點信用額度；只要你一放，結果就是拿不回來。

那個時候的決策是什麼？我是說不要給，不過，我們的經辦人員很難不要；因為，好不容易才打開市場，訂單又那麼多。給他三分之一的信用額

度好了，結果越做越大，越借越大。像 Compag 在大陸虧了一億多，也是收不回來；因為，大陸只要你放帳給他，借錢給他，他為什麼不要？當然幫你做，而且，倒你的帳，比賺錢快太多了。這是很現實的東西，因為如果你給他有機可趁，反正倒帳，你也抓不了我。弄到最後，Compaq 好像還請柯林頓總統去向北京高層抱怨應收帳款的事；就算是到法院告都很累，所以，很明顯不是那麼容易。

　　現在，我們在大陸就好很多，我們都可以現金交易，而且風險分散了很多。最近我們想要在大陸

建立零售通路的基礎建設，想要做大規模的生意；就是說，做越大，效益就會越高。在美國零售通路做越多虧越多，風險就越大。

　如果要和通路做「聯合促銷」（Joint Promotion），就要看你怎麼規劃：除非你給你的合作對象獨家代理權，他才會願意投資；如果不是的話，你可以借重他的管道做促銷，不過錢都要你自己出。「聯合促銷」應該儘量像現在 Intel 把所有的個人電腦公司當成通路的觀念，所以，Intel Inside 全都是以 Intel 的形象為主。

零售生意真好，
帳收回來之後
就賺了一億……

老闆，
零售通路倒了，
人也跑掉了！！

一億沒賺到手
倒反而虧了2億

顧客服務的考量

- 誰的顧客？是擁有品牌的公司或是製造商？
- 服務是建立品牌形象的關鍵因素
- 產品的責任歸屬
- 第三者的服務
- 美國市場的挑戰
  ——退貨、保證、法律責任、公關活動、固定成本、管理的知識技術

當我們從客戶服務的角度來考量時，必須先澄清一個觀念：對我們來講，到底我們所謂的客戶是誰的？是製造廠商？還是擁有品牌的公司？當然是品牌才擁有客戶，製造廠商不代表什麼。所以，實質上，服務是打品牌最關鍵的東西。當然，最好就是找一個不需要服務的產品，那就方便了很多；可能網球拍的服務比較少，腳踏車就多一點，電腦就更多了。

也就是說，如果你能找到不要服務的產品，可能是切入全球品牌的一個很佔便宜的選擇要素；譬如說，電腦顯示器的服務當然比個人電腦少很多。

要談品牌形象的建立，就不能小看服務，服務才是我們最大的挑戰。連在台灣，要真正把服務做好，都會是一個很大很大的挑戰。

　　另外，產品在美國賣的話，光是產品所產生有關的責任問題，就很頭痛了。像我們在美國被告的是用鍵盤打字，手會受傷；沒有品牌就找不到對

象，我們是品牌之一。所以，只要 IBM、HP、Compaq 他們被告，我們就一定被牽涉在裏面。美國的律師，反正沒事就來告，告了就有錢拿：找一個受傷的人，就要求索賠。又如電腦顯示器實際上只有 13 點幾吋，但是整個產業的習慣都是寫 14 吋，所以我們就標示 14 吋，結果就被認為欺騙客戶，這個我們也被告。反正我們在美國被告慣了；所以，在美國生意不好做。還好，我們進去都買營業保險，反正我們不懂，乾脆買保險，花錢消災；所以，這些問題就交給保險公司來處理。

第三者的服務也是一個需要小心的因素：我記得在 1990 年初期，宏碁一進去美國市場就覺得服務很累，於是就找 TRW 配合，TRW 是大牌子，是美國知名企業，結果也是做不好。因為，不是將服務的工作交給他就結束了，我們在背後要提供支援：給他的備用維修零件、提供維修手冊、甚至連人員的訓練等等都是；這些工作如果沒有做好的話，就會很累。此外，客戶的申訴往往都是直接針對品牌廠商來的，如果我們的調度及分派，沒有安

排好的話，都會出問題。所以，雖然你是借重當地已經佈署在整個區域，密密麻麻的服務網等等；但是，服務是誰負責的？還是擁有品牌的公司對不對，不管誰製造的，消費者只認識品牌，當然就直接找你，他才不管你究竟是委託誰來服務。所以，你自己沒有管好，問題還是很大。

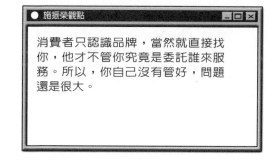

施振榮觀點

消費者只認識品牌，當然就直接找你，他才不管你究竟是委託誰來服務。所以，你自己沒有管好，問題還是很大。

在整個美國，對客戶的責任實在是無窮盡的。客戶可以無理由退貨（No Question Return）：客戶不喜歡你的產品、但是可以在聖誕節或者趕論文要打報告的時候，就去買一部電腦，然後打完報告，再還給廠商，只要在退貨期限內也是可以的。所以，這裏面實際上整個管銷費用是很大的。

總結

- 代工業務（OEM）或是自有品牌業務（OBM），台灣企業的兩難
- OBM 不宜採短線做法
- 需要更成功的 OBM 典範
- 掌握大中國及東南亞的市場更為明智
- 借重美國的公關打全球形象
- 了解全球化與當地化競爭的關係
- 解決 OBM & OEM的衝突，成為新世紀的核心能力

　　台灣的企業究竟應該走 OEM（代工業務）或是 OBM（自有品牌業務），實際上是兩難的選擇。如果沒有準備打長期戰的企業，做 OEM 業務就可以了；只是，OEM 的業務可能只有三、五年的好光景。現在當然比以前好很多，如果以前，OEM 的業務都是起起伏伏；現在因為台灣的 OEM 業務有自己的設計（ODM），而且錢也都是丟很大的。以前因為錢都是OEM客戶出的，現在是變成了只管賣OEM客戶，所有的投資風險我由代工廠商來負

創新就是以最大的視野，
超越時間來看出未來的趨勢。

責，丟大錢；所以，今天我們台灣還可以比較穩，是因為我除了會生產以外，又可以設計。設計錯的你不要、投資過度的風險你不要、庫存太多了你不要，這些風險都由我來扛；所以，我們才可以多做一點生意。

即使現在是 ODM 稍微比較好一點，也是要建立所謂的核心能力。雖然，我們現在的核心能力比以前多，也許這個過程多做幾年後，就慢慢地比較具備了 OBM，自己打品牌的條件。今天台灣的企業跟十年前的企業比起來，要打自己的品牌，在資訊產業，實際上條件強很多。主要的理由就是，我們在 OEM、ODM 的過程裏面，建立了很好的條件。不過，打舊產品是沒什麼希望的，因為沒有創新；打新產品則是風險太高，所以也是兩難。

現在的 OBM，我們希望有更好的發展模式：最好不要打舊產品，希望能夠找到一些利基的產品，進而打出一片天。像研發防毒軟體的趨勢科技，雖然它是從台灣開始，不過他很多業務都在美國及日本運作，所以不太像台灣公司。記得在

1978、1979 年，我就想過到底要不要把全球總部搬到美國？因爲你要打品牌，總部在美國當然佔很大的便宜。最後決定不要的原因是，擁有大陸跟東南亞的市場，比較現實；我們不擁有，誰來擁有？難道美國人嗎？好像太遠了，我們比較近一點嘛。從長期來看，離市場比較近的人還是佔便宜，遠征軍打仗當然是吃虧了。

但是我要強調的是公關要利用美國的形象：不管是用雜誌也好，得獎也好，借重美國的形象來做公關，是很有效的方法。另外我也不斷地強調；產品的技術是全球化的，但是，如果談行銷、談服務，則是非常非常當地化的。所以，一定把這個優勢講清楚。

我想，以長期的經營模式、以新的未來的發展，我們今天在看未來，實際上 OEM 跟 OBM 是同一件事情，因爲很多的核心能力變普遍了。就算我是一個品牌，可是 IBM 也開始做 OEM 業務，日本的東西他也可以做 OEM；日本 Canon 的雷射印

表機，主要的特質就是靠 HP 替他打出來。所以，從經營的角度來看，就像我的微笑曲線，左邊跟右邊是分開的。以前一貫作業是右邊，就是技術、行銷跟服務，是一體的；但是，現在以這樣講的話，所有的生意都是分開的。就是你的技術，應該是多管道通路，越多越好；雖然是自己的品牌，OEM 廠商要合作也可以，授權也可以。企業只要專注於自己品牌的建立，至於產品的來源是自己的，當然可以，別人的也無所謂。

網際網路也是所謂超分工整合的概念，所以，現在大家雖然還在談 OEM 跟自創品牌是衝突的這件事情，隨著時間一直發展，實際上大家會越來越不談了；因為，生意的本質是整個絞在一起。所以，不管是 OEM、OBM 對於台灣未來的發展，應該還是有利的。當然，我們做自創品牌是很有意義，只不過是學費要比別人多繳一點。

創新就是
拋棄過去的思惟自我囚錮，
以獨特的眼光
創造出新形勢的未來。

鮮活思惟
便能如沐春風，
創意如雨絲源源不絕。

孫子兵法
用間篇

孫子曰：

凡興師十萬，出征千里，百姓之費，公家之奉，費日千金。外內騷動，怠於道路，不得操事者，七十萬家。相守數年，以爭一日之勝，而愛爵祿百金，不知敵之情者，不仁之至也。非民之將也，非主之佐也，非勝之主也。故明主賢將，所以動而勝人，成功出於眾者：先知也。先知者，不可取於鬼神，不可象於事，不可驗於度，必取於人知者。

故用間有五：有鄉間，有內間，有反間，有死間，有生間。五間俱起，莫知其道，是謂神紀，人君之寶也。鄉間者，因其鄉人而用者也。內間者，因其官人而用者也。反間者，因其敵間而用者也。死間者，為誑事於外，令吾間知之，而得於敵者也。生間者，返報者也。故三軍之親莫親於間，賞莫厚於間，事莫密於間。非聖不能用間，非仁不能使間。非微不能得間之實，非密不能得間之寶。密哉密哉，無所不用間也。間事未發，聞間事者與所告者皆死。

凡軍之所欲擊，城之所欲攻，人之所欲殺：必先知其守將、左右、謁者、門者、舍人之姓名。令吾間必索敵間之來間我者，因而利之，導而舍之，故反間可得而用也。因是而知之，故鄉間、內間可得而使也。因是而知之，故死間為誑事，可使告敵。因是而知之，故生間可使如期。五間之事，必知之，知之必在於反間，故反間不可不厚也。殷之興也，伊摯在夏；周之興也，呂牙在殷。唯明主賢將，能以上智為間者，必成大功。此兵之要，三軍所恃而動也。

＊本書孫子兵法採用朔雪寒校勘版本

用間篇

凡興師十萬，出征千里，百姓之費，公家之奉，費日千金。外內騷動，怠於道路，不得操事者，七十萬家。相守數年，以爭一日之勝，而愛爵祿百金，不知敵之情者，不仁之至也。非民之將也，非主之佐也，非勝之主也。

　　孫子強調戰爭耗費之大，動員之廣，因此將領如果不求掌握敵情，而主控戰情，就是失職。

　　今天商場上，情報的問題是太多、太雜；各種專業的、全球的訊息，實在太多。但如何把這麼多東西化繁爲簡，可以掌握，才是重點。

　　但太多人只顧枝枝節節的東西，一來沒法消化，二來到最後決策的時候卻又只靠少量的東西。

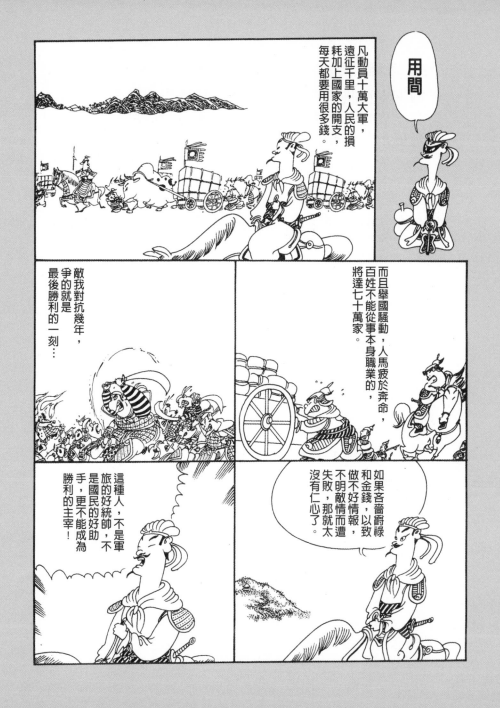

故明主賢將，所以動而勝人，成功出於衆者：先知也。先知者，不可取於鬼神，不可象於事，不可驗於度，必取於人知者。

要先知，不可求於鬼神，不可拿別人的例子來引用比對，不可憑空推測，而只能取於自己所掌握的情報。

企業經營不但要先知，還要獨到地知。

社會上流傳很多看法：專家的看法，媒体的看法，一般的看法。但自己一定要根據自己所掌握的情報，加上自己的判斷，做出獨到而符合自己企業的看法。這樣等自己要傳達這些情報的時候，也才易於讓別人吸收。財務分析就是個例子，不能人云亦云。

要訓練出這種能力，就要隨時練習三個重點的方法。做事，說話，都抓出三個重點。這三個重點就符合80／20原則，也就是把百分之八十的重點都講了。

故用間有五：有鄉間，有內間，有反間，有死間，有生間。五間俱起，莫知其道，是謂神紀，人君之寶也。鄉間者，因其鄉人而用者也。內間者，因其官人而用者也。反間者，因其敵間而用者也。死間者，爲誑事於外，令吾間知之，而得於敵者也。生間者，返報者也。

孫子談了有五種『間』可用：有鄉間（同鄉之人），有內間（在對方那裡當官），有反間（敵人的間，卻反爲我用），有死間（派出去再也不回來的間），有生間（派出去還回報的間）。如果能善用五間，凡人不可測度。

戰爭涉及生死，用「間」是很正常，也必要的。商場上的「間」，一方面由於企業時時在戰，處處在戰，所以情報是無所不在的。但另一方面，不論如何收集情報，就是不能違法。今天很多「間」的活動會違反法令，這種間不能用，會得不償失。

如果善加利用，今天商場上可以收集情報的來源很

五間

使用間諜有五種：有鄉間、有內間、有反間、有死間、有生間。

五種間諜同時運用起來，使敵人莫測高深，有神話一般的奧妙，這是國家元首最重要的法寶。

「鄉間」就是利用本國鄉人，住在敵國做間諜。

「內間」就是利用敵國官吏作間諜。

多。競爭對手行銷上的聲東擊西，同業的聚會，都會透露許多情報。

台灣有些企業在搶單子的時候，會故意放個風聲給媒体，說是對手已經拿到單子簽約了。這樣會惹得事實上還沒做決定的客戶大為不悅，轉而對自有利。這是把媒体當反間來用了。

顧問也是間。但顧問所知道的事情，通常都簽有保密合約，因此你能不能從他的口裡體會到一些玄機，要看自己。

「反間」就是利用或收買敵人間諜而為我所用；

「死間」就是利用我方間諜，送假情報給敵人，或奉命赴敵國工作不期生還者。

通通說出來…我知道的情報通我說我說，我把

「生間」就是指派間諜刺探敵情後，回國報告情報。

所以軍中一切事務，沒有比間諜更親信了，

也沒有比間諜賞賜更厚了，

沒有比間諜更能付予機密的了。

身負機密，神出鬼沒。

他的待遇比我們好多了…

故三軍之親莫親於間，賞莫厚於間，事莫密於間。非聖不能用間，非仁不能使間。非微不能得間之實，非密不能得間之寶。密哉密哉，無所不用間也。

　　由於孫子重視『間』的作用，所以他強調『賞莫厚於間，事莫密於間』，同時也『非聖不能用間，非仁不能使間』，否則就容易走上歧路。

　　聖者，仁者都有使命，這個使命的層次如此之高，所以對「間」的看法和用法都會不同。

五間之事，必知之，知之必在於反間，故反間不可不厚也。殷之興也，伊摯在夏；周之興也，呂牙在殷。唯明主賢將，能以上智爲間者，必成大功。此兵之要，三軍所恃而動也。

　　孫子強調：殷的興起，是善用了夏的伊摯；周的興起，則是因爲善用了殷的呂牙。因此，明主賢將，能以上智者爲間，才能成大功。

　　企業經營，就一些不正當的「間」，不當取得的情報，對企業沒有幫助。

　　所以，對「間」，對情報，合法的，盡量用，但是違法的，絕對不要碰。何況，光有情報沒有用。打仗要靠核心競爭力，你自己不會打，打聽了別人的情報也沒有用。

　　所以不要去打探一些枝枝節節的東西，要了解，就去了解對方的核心競爭力，對方的 benchmark。他爲什麼生產成本會比較低，爲什麼營運成本會比較低，等等。能掌握到這些重點，才是以上智爲間。

凡是要攻擊目標、佔領城塞、要刺殺敵將，必須先將其守將、幕僚、秘書、護衛、侍從的姓名、性格都令間諜偵查清楚。

更需查出敵方間諜，收買而利用之，作為我方的反間；

藉「反間」之助，再培養「鄉間」、「內間」，再藉此可利用「死間」假造情報欺敵，再藉此而利用「生間」如期回來報告。

這五種間諜之運用，國君應該瞭解其運用的關鍵就在「反間」。

所以對「反間」不能不特別優待。

以前的「間」，你死我活。今天商場上的「間」，就廣義來說，則不必如此看，可以是共同提升大家，當進步的動力。不要用來互相破壞，反而應該用來互相提升。

從前商朝的興起，
是因為伊尹曾在夏朝為臣：

周朝的興起，
是因為姜尚曾在商朝為臣。

所以明智的國君和將帥能
運用智慧高明的人材做情
報工作，一定能成大功。

這是用兵作戰的首要，
整個軍旅都要依靠間諜
提供情報，才能採取行動。

問題與討論
Q&A

Q1 你提到打美國、大陸市場都遇到一些挫折，難道事前都沒有對產品、通路做分析、評估嗎？

A 我想實務上是沒有。譬如說前面所提電腦顯示器 14 吋的標示問題，是美國廠商犯錯在先，我們只是入境隨俗，加以沿用而已。實際上，打市場入境隨俗的機會很多；除非你是絕對的優勢，你的產品有優勢，人家不得不找你。否則，原本當地的付款條件是三十天、六十天，你想要改變，根本是不可能的。

比如說，以前我們在台灣做國際生意，都是做 L／C（信用狀）的；是什麼人給你 L／C 呢？是進口商，或者採購代表來到台灣挑貨，完了以後，他的貨款是用 L／C 支付的。先付你錢了，然後再出貨；出貨以後大部份的問題，他事前都已經先研究過了，所以他自己負責。

今天，我們改變了，要到美國去出貨。你賣給誰？不是賣給進口商。進口商懂得來台灣買材料，他也知道會有很多的風險，所以他事先會做準備。如果你是直接到美國去賣的話，因為市場大一百倍，所以買主的數量比來到台灣的進口商要多的多。而且他說東西壞了我可能要退給你，而且也不能開信用狀，因為我不懂什麼叫信用狀；就算我懂得信用狀，我的財務部門也不會開信用狀。

所以，當你要深入當地市場，打自己品牌的時候，幾乎是要入境隨俗，走當地市場的模式。所以，你要入境的話，那麼多風俗我懂得了嗎？我在台灣生活幾十年，才懂得那麼多臭規矩；到美國去，這裏沒有注意到，那裏沒有注意到，是很明顯的。就是因為這個理由，所以我一直在強調，台灣要訓練這種國際行銷的人才。

台灣在外銷方面是世界級的專家，我們國貿系讀的是銀行的交易、L／C 怎麼開、L／C 的條款及條件等等，就只談這些外銷的知識。這些知識在那個僅靠外銷接單的時空背景下，是足夠的；但是面臨現在全球化、自由化的趨勢，就遠遠不足了。

今天，我們的學校或企業，有沒有訓練國際行銷的人才，要到當地市場，深入去了解每一個市場的放款條件？例如，台灣有現金交易的模式，也有所謂的『竹竿票』；當你來到這裏做生意，別人都可以做到現金交易，只有你被唬了，要竹竿票才能做到生意，那你就卡死了，一定「死」定了。

我相信，任何企業只要是到別國去做生意，一不小心，就只有挨打的份。當我們說我們到國外去被欺負，反過來，國外企業到台灣，也會被我們欺負，事實就是如此；所以，我們到大陸做生意，被當地廠商欺負，這是天經地義的。

你一直強調要佔有大陸市場，但是大陸還是靠人治，付學費也不見得學到好經驗，究竟到大陸做生意有沒有一套有效的方法？

 我想從幾個觀點來回答這個問題：第一點，宏碁在大陸的投資，還不到整個集團營業額的百分之三，大概百分之二左右，所以，可以說投資非常的不夠。第二點，我們當然要假設，大陸因為市場經濟的影響，未來一定會慢慢地法制化。第三點，大陸本地市場的潛力，實質上會變成世界第二大的市場。

如果把政治問題撇開的話，相對地，我們絕對有把握打大陸市場。雖然她是世界第二大的市場，但是因為人口多，其實有很多傳統的產業，甚至比美國更大；譬如，吃的東西或者生活日用品之類的產業，像統一企業進軍大陸市場，也是考慮有機會成為世界最大的食品公司。

事實上，對於像電視機之類的家電產品而言，大陸已經是世界最大的市場，這個市場你要不要去做？對一個華人企業，如果你又有機會可以打得比美國更好的話，為什麼不開拓大陸市場呢？所以，對台灣企業而言，如果要打自有品牌，又不借重大陸市場的話，長期來講，當然就會吃虧。

現在有一種新的思考模式：歐洲、美國、日本是非常重視大陸的市場；因為他們已經打遍了天下了，所以把大陸當成最後一塊肥肉市場。這一塊以前是封閉的，掌握不到的，現在是最後一塊、兵家必爭之地。我們當然不是只因為她的潛在市場夠大，所以才進去；大陸市場對台灣企業真正的思考是：我們從這裏打到全世界市場。我要先練兵，先掌握有經濟規模、訓練足夠的人才，才能夠在歐美地區，跟歐美企業平起平坐。所以，大陸市場對台灣企業而言，它所代表的意義，不僅僅是世界第二大的市場而已，而是我們進軍全球市場的主要據點。

即使台灣的企業是做 OEM，也可以 OEM 給大陸的廠商。實質上，在中國大陸，個人電腦佔有率第一名的，還是當地的聯想集團，因為，本地的廠商，先天上就是比較佔便宜。我們發現，好像除了自己國家沒有做電腦，或者是太弱了，還沒有看到一個本地佔有率第一名的電腦公司，是被其他國家的企業拿走了；日本、韓國、台灣、大陸、香港、新加坡、美國，沒有嘛，都是當地的品牌，沒有一個國際的品牌，是真正能夠絕對的領先。

所以，我是覺得對大陸的市場，我們總是要就從樂觀的角度來思考。當然，你不能說一頭栽進去，全部的家當都壓在那裏；正如我我強調的，我們絕不打輸不起的仗。所以，為什麼我說宏碁在大陸的投資非常的不夠：以 ACER 的立場來看，投資大陸的金額佔百分之五是最起碼的，百分之十也不為過，佔百分之十五也可以，百分之二十風險也不太大嘛。從這個角度來看，可以投資的空間有多大？當然要積極攻佔大陸市場。只是說，我們所謂的積極，並不是隨便去就去；事實上，在還沒有建立好管理的基礎架構之前，是沒有必要貿然地進去的。

我想台商以大陸為據點，做全球市場的製造，原則上，絕大多數應該都可以提升我們的競爭力。實際上，如果從報告來看，台灣現在的資訊產業，除了筆記型電腦以外，幾乎百分之五十以上的產能，都是在海外生產的；其中的百分之五十，很多是百分之七十，都是在大陸生產的。所以，從資訊產業來看，很明顯地，我們可以說大陸已經跟台灣完全融合在一起，而達到世界的競爭力。

因為在大陸設廠的台商，大概規模還不算小；而且在高科技領域的廠商，做事都是比較正規的，也和當地的政府建立了相當互惠的關係。當然，也因為這樣，這裏面的發展，同時帶動了很多中小企業的台商，屬於週圍的衛星工廠，也因為這樣進去，目前也大概發展的都還不錯。

今天最大的課題是，在法令不清楚的情形之下，你要打大陸市場，要怎麼樣做才能夠持久？如果談入境隨俗，因為那個環境裡面，法令有太多的灰色地帶；由於我們真的是不清楚當地的風俗習慣，所以，我們常常眼看著當地的人，賺到那個錢，而我們就是賺不到。其實，從另外一個角度來看，那個錢本來就是他的錢，它是保護主義的一環，我們是不能碰的，碰了可能是會中斷我們在當地的發展。但是，如果我們不碰那個錢，我們仍然可以換個方法，如此一來，交易過程就會產生變化。譬如說，我們可以在香港交貨、這個

通路不通，就走另外一個通路等等。

如果從大陸最近的發展來看，實際上已經是進步很多了；而且做生意的客觀環境，也是越來越來進步了。我最近（2000年四月）到北京去考察，感覺到一些不可忽視的變化。例如，中央電視台晚上十點左右的節目，都是一些有關經濟、企業、財務方面的人士，在深入地探討整個大陸的經濟問題，像打品牌的問題、國際化的問題，他們的見解也不可小看。雖然他們的某些制度，現在有點落後，但是，他們的人絕對不落後；而且，他們求進步的企圖心，是相當積極的。所以，我的看法很簡單：針對中國大陸的市場，我們應從長計議，一步一步往前走。

宏碁對品牌有明確的定位，如果要將這種定位深植於終端用戶，應如何有效地運用資源和掌控效益？

 我想這個跟品質的管理是一樣的：「全員品質管理」（Total Quality Management；TQM）就是說，雖然已經做了很多很多的努力，但是你一直在追求的是永無止境的目標；所以，這個問題就是，品牌的經營沒有所謂終極的目標。反過來說，我們可能每年定期去檢視它的進展；如果我們已經辦了很多的活動，但是，效率卻不彰；那麼，我們可能會再去做調整。實際上，像宏碁贊助 1999 年在曼谷所舉辦的亞運活動，對 ACER 品牌的成效，也很難評估。不過，我們會感覺到，也許可能從支援活動中，會有突破性的東西產生。

因為，對於國內市場而言，我想我們可能每天都會出現在報紙上，這是一種狀況；你在海外被認同了，則是另外一個狀況。那麼，你到底是要以一個產品，還是一個主題來處理，來達到這些目的？是透過公關活動？還是透過公益活動？等等，實際上是有很多不同的做法。最重要的，現在我們有一個概念是，我的行銷費用大概要佔多少百分比？當然，每一個產業會有所不同；我要問的是，這麼多百分比的行銷費用，怎麼做是比較有效的？

從另外一個角度來看,所有的活動有否透過品牌管理,對結果有沒有差異?有沒有人在管?有沒有一套方法或者有一個共識,到底對結果有沒有什麼差距?我們可能要從這個角度來做評估,該活動值不值得這樣做。

但是,反過來說,美國也是發展了這麼多年後,最近這幾年才有新的制度的出現,而所謂品質管理的系統,也是一路一路在改善。最近突然又冒出 6Σ 的概念,國內用的還很少,它有一套理論,不僅是從品質的角度來思考的而已,而是以顧客為主,從顧客的價值,一路一路再導過來的東西。所以,透過六個 Σ,也是內部要有一大堆的教師,進行一大堆教育訓練的課程,比透過「全員品質管理」還更深入。我覺得,很多很多的東西,都是管理上面精益求精的一環;不做也是過日子,做了,還是一樣過日子,當然我們總是朝不斷進步的方向走。

宏碁算是自有品牌的成功案例，你認爲台灣資訊產業的中小企業，到底要做自己的品牌，還是從 OEM 做起？

 如果已經是成熟的產業，大概就沒有機會做自有品牌，這個時候就做 OEM 的業務，因為你需要經濟規模。但是，早期宏碁在打自有品牌的時候，整個產業環境並不成熟，那時候我們先推出小教授一號、二號、三號，然後第四、第五個產品才推出 PC 的。

所以，如果已經是成熟的產業，在台灣，根本沒有時間讓你自己慢慢熬；所以，在產業還沒有成熟之前，你必須透過創新，透過長期的願景（Vision），慢慢地去塑造品牌形象。因為你開始先有自有品牌，並不會妨礙 OEM 的業務；而且，未來的世界可能大家比較不在乎，你會更有條件。

你如果是建立自己的品牌之後，還願意接 OEM 的業務，這樣 OEM 的廠商還可以跟你配合；但是，如果你是先做 OEM 的業務以後，再做自己的品牌，這樣就要多走很長的路，有可能永遠也達不到。

Q5 主品牌和副品牌何者重要？像 IC 之類的零組件公司，顧客並非一般的消費者，需不需要打品牌？

半導體產業也是需要打品牌的，實際上，Intel Inside 也是在打品牌。所以，如果只是說他的品牌不是對最終消費者，就不需要打品牌，是值得討論的。一般來講，像 Intel、Microsoft 的 產品主要不是對消費大眾的，他們之所以要打品牌是因為，他們認為每一個人生下來都應該有一個名字，這個名字跟他的行為及他的形象，應該結合在一起，這個就是跟品牌有關了。也就是說，我的這個形象已經有名了，所以，雖然世界是那麼大，不過，想到這件事情就想到我，否則找不到，這個就可以降低行銷的成本。所以，知名的品牌形象就是降低成本的一環。從 OEM 的廠商來看，如果他們想到這件事情的時候，都來找我；那我生意就好做多了，不必再多費唇舌去說服了等等。

如果從品牌的思考模式呢，一般來講應該是以主品牌為主。但是，當碰到流行性的商品或產品線很多的時候，因為定位不同，價位自然要有差異，此時，是無法用同一個品牌，來解決產品之間的形象問題。譬如說，你要賣中級品、高級品，價位要有差異，如果是同一個東西，但是包裝不一樣，這樣要有不一樣定位的話，用同一個品牌，是無法解決這個問題的。

所以，對於流行的商品或產品線種類很多的，一定要走多品牌策略。像 Seiko 跟 Abe 好像都是同一個公司，一定是把它定位成流行的東西。像汽車、電腦、機械等產品，都應該是一個品牌比較恰當；一般來講，除非有絕對的必要，否則還是以主品牌為主。

宏碁現在真正長期經營的，只有兩個次品牌，會積極推廣的：一個是 Aspire，一個是 Acer121。實際上，Acer121 已經不是完全的次品牌，因為也有 Acer 在裏面；但是，因為它是一個網路的東西，所以，原則上就算次品牌，是跟 Acer 主品牌是互相輝映了。此外，在不同市場裏面，次品牌的應用，也是相當重要的。像我們早期用 Aspire，主要的原因就是希望透過 Aspire 創新的形象，把 Acer 在美國的形象再提高一點；因為 Acer 在美國市場也是普通的 PC 品牌，所以，我們利用 Aspire 次品牌，看能不能有機會把 Acer 主品牌的形象拉高一點，讓產品的定價可以高一點。所以，我們在美國的品牌策略是 Aspire by Acer，但是，在亞洲則用 Acer Aspire，因為在亞洲 Acer 已經是形象好的品牌。

施振榮語錄

1.

對創業者而言，如果所經營的行業是大勢所趨，就必須有信心地往前走，順勢而為。

2.

許多企業常常在對的方向走到一半，覺得收成遙遙無期，就停止或另謀他方，反而造成資源浪費。

3.

如果方向正確，但是速度調配不適當，走得太快，消耗體力太多，便不易達到目的；太慢，又錯過時機。所以必須衡量企業能力，有策略地持續前行。

4.

新創立的企業若要長期健全發展，夥伴之間必須建立分工與互信的合作關係。

5.

創業還是需要有個「龍頭」擔當決策重心，企業如果成功，他當然居功較多；但如果失敗，他也必須負最大責任。

6.

創業夥伴之間要分工並不困難,但是,要建立讓分工組織有效運作所
必備的互信基礎,絕非易事。

7.

我的經營哲學之一是「攤著牌打牌」,事先釐清遊戲規則。

8.

如果決策者自認為是老闆,就會希望部屬看他的臉色辦事,但資訊業
是個快速變動的行業,如果大家不能對自己負責,成天看老闆的臉色
才有所行動,發展方向很容易被誤導,工作效率也會減低。

9.

要讓同仁能夠自我負責,決策者必須先信任同仁。

10.

美國的一般企業,不論多小,他們都會自創品牌,尤其在產業還很新
的時候,自創品牌比較容易成功。

11.

我常常用所謂「視覺暫留」的觀念來談品牌形象:就是你看到一個東
西以後,雖然眼睛閉了,那個東西還是暫時存在你的視覺記憶裡,還
是有那個印象在;但是,如果眼睛閉了久的話,那個印象就不見了。

12.

打品牌形象最大的忌諱，就是價格戰爭。我好像沒有看過，真正用價格戰而長期獲得成功的案例。

13.

勢必要開打價格戰，有兩件事要想清楚：一，如何保護形象；二，如何確保利潤。

14.

品牌並不是做為向消費者收取附加價值的理由，品牌的目標應該是一個合理的價值；甚至，我希望能夠透過品牌，來降低成本。

15.

有很多理論都說，要好好投資廣告，把品牌建立起來，產品才可以賣高價，我覺得這種概念是個陷阱。

16.

如果認為有品牌就是要賣得貴，就輸定了，無法永續經營。

17.

要建立品牌印象，最好是很簡單又好記的。

附　錄2
孫子名句及演譯

1.
非利不動，非得不用，非危不戰。

2.
主不可以怒而興師，
將不可以慍而致戰。

3.
合於利而動，不合於利而止。

4.
怒可以復喜，
慍可以復悅，
亡國不可以復存，
死者不可以復生。

防守時，
如山岳一樣，
不可動搖……
不動如山！

不動如山！

隱蔽時，
匿形歛跡如烏雲遮天，
使敵人無從知曉…

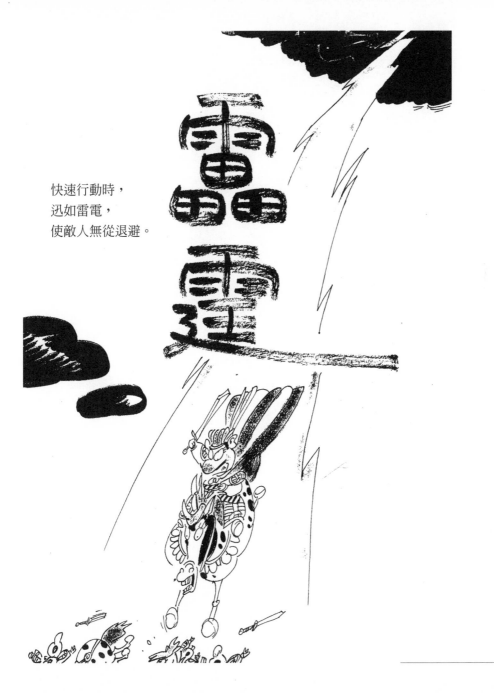

快速行動時，
迅如雷電，
使敵人無從退避。

領導者的眼界 **9**

品牌管理

從OEM到OBM

施振榮／著・蔡志忠／繪

責任編輯：韓秀玫　　封面及版面設計：張士勇
法律顧問：全理律師事務所董安丹律師
出版者：大塊文化出版股份有限公司
台北市105南京東路四段25號11樓
讀者服務專線：080-006689
TEL：(02) 87123898　　FAX：(02) 87123897
郵撥帳號：18955675　　戶名：大塊文化出版股份有限公司
e-mail:locus@locus.com.tw
www.locuspublishing.com
行政院新聞局局版北市業字第706號

總經銷：北城圖書有限公司
地址：台北縣三重市大智路139號
TEL：(02) 29818089 (代表號)　　FAX：(02) 29883028　9813049
初版一刷：2000年11月
定價：新台幣120元
ISBN　957-0316-39-X　　　　Printed in Taiwan

國家圖書館出版品預行編目資料

品牌管理：從OEM到OBM
／施振榮著；蔡志忠繪．—初版．— 臺北市：
大塊文化，2000[民 89]
面； 公分． — (領導者的眼界；9)
ISBN 957-0316-39-X (平裝)

1. 企業管理　2. 品牌

494　　　　　　　89017243

大塊文化出版股份有限公司　收

地址：＿＿＿市／縣＿＿＿鄉／鎮／市／區＿＿＿＿路／街＿＿＿段＿＿＿巷

　　　弄＿＿＿號＿＿＿樓

姓名：

編號：領導者的眼界09　　書名：品牌管理

讀者回函卡

謝謝您購買這本書，爲了加強對您的服務，請您詳細填寫本卡各欄，寄回大塊出版 (免附回郵) 即可不定期收到本公司最新的出版資訊，並享受我們提供的各種優待。

姓名： **身分證字號：**

住址： _____

聯絡電話： (O)_____ (H)_____

出生日期： _____年_____月_____日 **E-Mail：** _____

學歷： 1.□高中及高中以下 2.□專科與大學 3.□研究所以上

職業： 1.□學生 2.□資訊業 3.□工 4.□商 5.□服務業 6.□軍警公教
7.□自由業及專業 8.□其他_____

從何處得知本書： 1.□逛書店 2.□報紙廣告 3.□雜誌廣告 4.□新聞報導
5.□親友介紹 6.□公車廣告 7.□廣播節目8.□書訊 9.□廣告信函
10.□其他_____

您購買過我們那些系列的書：
1.□Touch系列 2.□Mark系列 3.□Smile系列 4.□catch系列 5.□天才班系列
5.□領導者的眼界系列

閱讀嗜好：
1.□財經 2.□企管 3.□心理 4.□勵志 5.□社會人文 6.□自然科學
7.□傳記 8.□音樂藝術 9.□文學 10.□保健 11.□漫畫 12.□其他_____

對我們的建議： _____

LOCUS

LOCUS

LOCUS